家政服务类专项职业能力培训教材

家庭保洁

深圳市人力资源和社会保障局　组织编写

中国劳动社会保障出版社

图书在版编目（CIP）数据

家庭保洁/深圳市人力资源和社会保障局组织编写. -- 北京：中国劳动社会保障出版社，2020
家政服务类专项职业能力培训教材
ISBN 978-7-5167-4483-3

Ⅰ.①家⋯　Ⅱ.①深⋯　Ⅲ.①家庭－清洁卫生－职业培训－教材　Ⅳ.① TS975.7

中国版本图书馆 CIP 数据核字（2020）第 067508 号

中国劳动社会保障出版社出版发行

（北京市惠新东街 1 号　邮政编码：100029）

*

北京市白帆印务有限公司印刷装订　新华书店经销
787 毫米×1092 毫米　16 开本　7.25 印张　101 千字
2020 年 5 月第 1 版　2024 年 7 月第 5 次印刷
定价：22.00 元

营销中心电话：400-606-6496
出版社网址：http://www.class.com.cn

版权专有　侵权必究
如有印装差错，请与本社联系调换：（010）81211666
我社将与版权执法机关配合，大力打击盗印、销售和使用盗版图书活动，敬请广大读者协助举报，经查实将给予举报者奖励。
举报电话：（010）64954652

家政服务类专项职业能力培训教材

指导委员会

主　任：孙福金
副主任：高东春
委　员：唐征勋　蔡禹星　张智荣　凌远强　王　建

《家庭保洁》编写委员会

主　编：付　裕
参　编：韩　昆　王予惜　刘　敬　旷　成　张国燕
　　　　冯国坚　张方明

前　言

家政服务是朝阳产业，是爱心产业，在促就业、扩内需、惠民生等方面发挥重要作用。党中央、国务院高度重视家政服务业的发展。习近平总书记指出，家政服务大有可为，要坚持诚信为本，提高职业化水平。李克强总理也强调，家政服务业事关千家万户福祉，是一项一举多得的产业。2019年，国务院办公厅印发了促进家政服务业提质扩容的意见，对家政服务高质量发展作出部署。广东省迅速行动，全面启动"南粤家政"工程，大力推进标准制定、技能培训、职业评价，加快推动家政行业职业化、标准化、专业化发展。

欲知平直，则必准绳；欲知方圆，则必规矩。为切实提高家政服务从业人员的技能水平，更好地满足新形势下"一老一小"对家政服务的品质需求，深圳市人力资源和社会保障局组织家政行业协会、家政企业和相关专家开展家政服务专项职业能力项目研发，对标国内外最高最好最优的先进经验，制定课程标准和评价规范，围绕母婴服务、居家服务、养老服务、医疗护理服务等领域，编写了系列培训教材。首批出版的是《母婴生活照护》《母乳喂养指导》《产后康复》《家庭餐制作》《家庭保洁》。

在培训教材编写过程中，深圳第二高级技工学校、深圳市家庭服务业发展协会、深圳市营养师协会、深圳市郑伟乾粤菜师傅技能大师工作室等单位

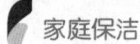

给予了大力支持和协助，在此一并表示感谢！

由于时间仓促，该套培训教材难免存在疏漏之处，敬请各培训单位和广大读者批评指正。

家政服务类专项职业能力培训教材编写委员会

2020 年 5 月

第一章
职业道德及基础知识

第一节 职业道德规范

职业道德是指从事不同职业的人在自己的职业活动中所应遵循的行为准则。与技术、技能不同，职业道德属于思想意识和行为规范范畴。一名合格的家庭保洁员，首先要具备的是基本道德修养和职业行为规范。家庭保洁员只有不断提高自身的职业素质，才能实现自己的价值，得到社会的认可。家庭保洁员应自觉遵守以下职业道德规范：

一、遵纪守法、爱岗敬业

遵纪守法是公民应尽的责任和义务，也是家庭保洁员的基本要求。家庭保洁员必须要有法律观念，要知法、守法、护法。在服务客户的过程中，要树立法律意识和风险防范意识，学会自我保护，遵守法律，尊重客户，严格遵守职业服务规范，避免法律纠纷。

爱岗敬业要求从业人员热爱自己的本职工作，恪尽职守。具有职业荣誉感和自豪感，以高度的劳动热情和创造性，强烈的事业心、责任感，做好服务工作。

二、文明礼貌、诚实守信

1. 提高个人修养，文明礼貌地对待客户。

2. 维护客户利益，保护其隐私。

3. 守时、守信，不过度推销服务、不做虚假承诺。

三、勤奋好学、积极进取

勤奋好学、积极进取是家庭保洁员应当具备的重要品质，是事业成功的重要条件，也是时代的要求。家庭保洁员应当始终保持谦虚好学、积极进取的状态，不断提高个人修养和服务品质，才能做到与时俱进。

四、尊老爱幼、勤俭节约

尊老爱幼、勤俭节约是中华民族的传统美德，也是现代中国人应具备的基本修养。对家庭保洁员来说，做到尊敬长辈、爱护晚辈，勤俭节约，才能使自己得到客户的尊重。

五、尽职尽责、全心全意

尽自己的最大努力、全身心地投入到为客户服务的岗位工作中，认真完成自己职责内的任务，对自己的工作负责。

第二节　安全与卫生常识

家庭保洁员应自觉提高安全卫生意识，掌握安全卫生常识，以饱满的精神状态为客户服务，避免人身和家庭财产安全事故的发生。

一、居家安全常识

（一）家庭防火

1. 家庭火灾的常见起因

家庭火灾的常见起因包括：电器问题引发火灾，煤气、液化气、天然气引发火灾，意外情况引发火灾。

2. 家庭火灾的防范

（1）注意用电安全，掌握正确的家电使用方法。

（2）如在使用中电器突然出现故障，应立即切断电源，同时通知客户请专业人员修理，家庭保洁员不要擅自修理电器。

3. 家庭火灾的处置与自救

（1）火灾的处置原则。家中一旦发生了火情，千万不要慌乱，要沉着冷静。首先依据火情大小做出判断，如火势很小，要果断抓住最佳扑救时机，迅速利用灭火器或水将火扑灭，扑救的同时要大声呼喊客户或街坊邻居帮助扑救，并要及时切断室内电源、气源。如果火势很大，要立即拨打"119"火警电话。

（2）灭火方法的选择。用水灭火是家庭灭火中最简便的方法，但并非所有的火情都适宜用水灭火，家庭保洁员应能根据实际情况采取不同的灭火方法。如果炒菜时油锅起火可迅速盖上锅盖，将火压灭；如果是液化气罐阀门处起火，可用大块湿毛巾或湿棉被将火源压住，使其与空气隔绝，将火扑灭；如果是电器故障引起的火情，可以用干粉灭火器将火扑灭。

（3）灭火注意事项。发生火情后要掌握先救人、后救物的原则。

（4）火灾逃生。发生火灾后，住平房和楼房低层的住户可通过门、窗撤离火场；住在较高楼层的居民应通过楼梯或消防通道迅速撤离。

（二）家庭防盗、防抢劫

1. 防范意识

家庭保洁员入户后，对客户家庭的安全负有一定的责任。因此，家庭保洁员应养成良好的安全防范意识。

2. 防范措施

提高警惕，关严门窗是防止意外的关键所在。家庭保洁员完成保洁工作后，要请示客户是否关严门窗。不得将客户家庭情况告知他人。

（三）突发情况的处理

1. 突发疾病

服务期间如遇客户家中有人突发疾病，一定要沉着冷静。通常情况下，应首先想到送往医院救治，可以迅速拨打"120"急救电话。

2. 触电

如遇他人触电情况，应迅速切断电源，如关闭电源开关、拉闸，拔去电源插头。或用干燥的木棒、竹竿、塑料棒、皮带、绳子等不导电的物体拨开电线、切断电源或拉开触电者，千万不能用手直接触碰触电者。在触电者脱离险境后，轻者可就近平卧休息一两个小时，同时注意观察其变化，如不出现异常情况，一般很快可恢复正常。对心跳、呼吸均已停止的触电者，必须立即进行胸外心脏按压及人工呼吸，注意在送医途中仍要坚持胸外心脏按压及人工呼吸，直至呼吸、心跳恢复。

3. 烫伤

家庭中难免会有烫伤的情况发生，因此在做好预防的基础上，了解烫伤后的紧急处理是很有必要的。

烫伤一般分为四度，即Ⅰ度烫伤、Ⅱ度烫伤（又分为浅Ⅱ度和深Ⅱ度）、Ⅲ度烫伤和Ⅳ度烫伤。Ⅰ度烫伤为表皮伤，烫伤部位皮肤发红、刺痛、干燥、没有水泡。浅Ⅱ度烫伤创面累及真皮浅层，深Ⅱ度烫伤创面累及真皮深层，两者均红肿，伴有疼痛、大小不等的水泡、渗液。Ⅲ度烫伤累及皮肤全层，以及肌肉甚至骨质。Ⅳ烫伤创面皮肤会变干硬、变白，甚至呈焦黑色，这时已感觉不到疼痛，创面干燥、没有水泡及渗液，是非常严重的情况。发生Ⅲ度以上严重烫伤应尽快送医院救治；对Ⅰ度烫伤、Ⅱ度烫伤等轻度烫伤，家庭保洁员可以视情况进行初处理。

（1）Ⅰ度烫伤处理措施：①用流动的冷水冲洗或浸泡烫伤部位20分钟左右，以缓解疼痛，减弱红肿程度，防止形成水泡。②经上述处理后，可在伤处涂上烫伤膏药。

（2）Ⅱ度烫伤现场处理措施：①应避免直接用冷水冲洗，以免加重伤势，可酌情将患部放入盛有15~20℃冷水的盆中局部浸泡冷却20~30分钟，舒缓疼痛。注意不能强行脱掉衣服，防止二次伤害。②经初步处理后可在伤处涂上烫伤膏药。③严禁将水泡挑破。若水泡已破裂，或皮肤溃烂，伴有渗出液，此时应把水泡周围的渗出液用消毒棉签处理干净，再涂抹烫伤膏药，以防止感染，或酌情送医院作进一步处理。④如伤口疼痛剧烈，损伤处红肿且分泌物增多，说明已感染，此时应及时到医院治疗。

总之，发生烫伤后的紧急处理需要根据不同伤情分别做好妥善处理。烫伤面积大且情况危急，应立即拨打120急救电话，及时到医院治疗。

4.房门反锁

遇此类情况，可以打电话通知客户想办法解决。如果此时孩子或卧床病人正在家中，或是炉灶上正做着饭等，可以找街坊邻居帮忙，也可以拨打"110"报警电话，请民警帮助。

（四）安全用电常识

1.家庭保洁员要掌握一般家用电器的使用方法。对没有见过和使用过的家用电器，应首先学习产品说明书，然后按照使用说明操作，或在客户的指导下使用。

2.家庭保洁员在使用电器过程中如电器出现故障或异常情况，应立即切断电源，同时通知客户。家庭保洁员不要自作主张自行解决，也不要让非专业人士修理电器或改造用电线路。

3.家庭保洁员严禁用湿手触摸电器开关，或插拔电源插头。禁止用带水的抹布擦拭家用电器开关、插座的表面，以免造成电线短路引发火灾。

（五）安全用气常识

1.家庭保洁员使用灶具前应先进行安全检查。打开总开关后，首先检查

灶具、管线、阀门处有无漏气现象。检查时可以闻一闻有无燃气异味，也可听一听是否有漏气的声音。

2.使用电子点火灶具点火时，可直接按动并旋转点火器点燃灶具。如灶具需用手工点火，应一只手握住灶具开关，另一只手持点火器具，将点燃的火柴或点燃的打火机对准灶具的火眼，然后再按压旋转燃气开关放气。点火时要以火迎气，在灶具点燃后再放置炊具。

3.在使用煤气灶时，不要长时间离开厨房，以免因风大吹灭火焰，导致熬粥、煮面时汤、汁从锅内溢出浇灭火焰，造成燃气大量泄漏。还应避免火焰将锅内物品烧干，从而引发火灾。

4.如果发现厨房内有浓厚的燃气味，切忌点火，也不要触碰任何电源开关，以免产生电火花。遇此情况，应先关闭燃气总阀门，然后开窗通风，使燃气尽快散去，待查明原因后再使用，以免发生火灾和爆燃。

二、出行安全常识

（一）交通标志

家庭保洁员出行必须遵守交通规则，严守交通信号，服从交警指挥，确保交通安全。

1.交通信号灯

交通信号灯树立在道路的两侧，分为红色、黄色、绿色三种颜色。红灯亮，禁止行人和车辆通行；黄灯亮，各种车辆必须停在路口停止线或人行横道线以内，已经越过停止线的车辆，可以继续通行；绿灯亮，准许车辆、行人通行。

2.人行横道线、过街天桥、地下通道

人行横道线是画在路面上的白色平行线（俗称"斑马线"），过街天桥和地下通道通常设立在交通繁忙的交通干线上。

（二）骑自行车、三轮车注意事项

1.骑车时，要按照规定在非机动车道内骑行。在没有画车道的路面骑行时应靠马路右侧骑行。

2.骑车时不要逆行，车速不要太快，转弯前应减速慢行，注意观察后方直行车辆和行人并伸手示意，不能突然猛拐。

3.骑行时不准双手离车把、攀扶其他车辆或手中持物，不准扶身并行，互相追逐或曲折行驶。

（三）乘坐交通工具注意事项

1.外出乘坐公交车时，应自觉遵守交通规则，遵守乘车管理规定，自觉维护乘车秩序。

2.等候车辆时应在规定的位置按照先后次序排队上车。在乘坐地铁、城铁时必须站在黄色隔离线以外等候，以免发生危险。

3.上车时，应等车辆停稳，待车上的乘客下车后，再按照排队顺序依次上车。上车后应主动向车厢内行走，不要拥堵在车门处，妨碍他人上下车。

4.乘车途中不能将头和手伸出窗外，不要向窗外乱扔废弃物品。

5.不携带危险品和有碍乘客安全的物品乘车。

6.下车后，注意不要在车头、车尾处猛跑或突然穿越马路，以免发生危险。

三、人身安全和自我保护

1. 社会交往安全

交友本无可厚非，但是交友必须慎重。一不贪图金钱，二不轻信他人，三谈恋爱要慎重。

2. 谨防诈骗

诈骗是指用欺诈的手段，获得他人财物的犯罪手段。尽管诈骗分子在行骗的过程中配合默契、表演逼真、语言极具诱惑力。但只要人们对这类事情提高警惕，遇事保持清醒的头脑，不要幻想获得意外财富，不占小便宜，就能够避免上当受骗。

四、紧急呼救常识

1. 紧急呼救电话"110"

凡盗窃、抢劫、火灾、疾病救护、交通事故等紧急呼救，均可拨打"110"电话。使用"110"电话报警时，要注意语言简洁明了，应报告发案的地点（区、街道、路名、门牌号码），报案人姓名及简单案情。

2. AED（即 automated external defibrillator，自动体外除颤器）标识

AED被称为"救命神器"，可以抢救心脏骤停患者。一般人员密集的公共场所都有安置AED，并有醒目的标识。一旦发现心脏骤停患者，应在抢救黄金4分钟内迅速找到AED，并正确使用，以挽救患者生命。

五、卫生安全常识

1. 个人卫生常识

家庭保洁员应注意个人卫生，饭前便后必须洗手，不留长指甲，不涂抹指甲油，不宜披长发。

2. 环境卫生常识

家庭保洁员应注意环境卫生，不随地吐痰，不乱扔果皮纸屑，按要求做好垃圾分类，爱护花草树木。

第三节　法律常识

一、公民的基本权利与义务

（一）我国宪法规定的公民基本权利

1. 平等权

平等权是我国宪法赋予公民的一项基本权利，是公民享有其他一切权利

的基础。中华人民共和国公民在法律面前一律平等。任何公民都平等地享有宪法和法律规定的权利，同时也必须履行宪法和法律规定的义务。

2. 政治权利

政治权利是宪法中规定的公民参与国家政治生活的权利。依照宪法规定，我国年满18周岁的公民，不分民族、种族、性别、职业、家庭出身、宗教信仰、教育程度、财产状况、居住期限，除依照法律被剥夺政治权利的人以外，都有选举权和被选举权；公民对任何国家机关和国家工作人员有提出批评、建议的权利，对其违法、失职行为有提出申诉、控告或者检举的权利，但是不得捏造或歪曲事实进行诬告陷害；公民还享有言论、出版、集会、结社、游行、示威的自由。

3. 宗教信仰自由

我国宪法规定，公民有宗教信仰自由。宗教信仰自由是指公民依据内心的信念，自愿地信仰宗教的自由。国家保护正常的宗教活动。

4. 人身自由

（1）人身自由不受侵犯。任何公民，非经人民检察院批准或者决定或者人民法院决定，并由公安机关执行，不受逮捕。禁止非法拘禁和以其他方法非法剥夺或者限制公民的人身自由，禁止非法搜查公民的身体。

（2）人格尊严不受侵犯。禁止用任何方法对公民进行侮辱、诽谤和诬告陷害。

（3）住宅不受侵犯。禁止非法搜查或非法侵入公民的住宅。

（4）通信自由。公民的通信自由和通信秘密受法律保护。除因国家安全或者追查刑事犯罪的需要，由公安机关或者检察机关依照法律规定的程序对通信进行检查外，任何组织或者个人不得以任何理由侵犯公民的通信自由和通信秘密。

5. 社会经济、文化教育方面的权利

（1）财产权。财产权是指公民对其合法财产享有的不受非法侵犯的所有权。

（2）劳动权。劳动权是指有劳动能力的公民有获得工作和取得劳动报酬的权利。

（3）劳动者的休息权。休息权和劳动权是密切联系的。规定休息权是为了保护劳动者的身体健康和提高劳动效率。

（4）获得物质帮助权。我国宪法规定，公民在年老、疾病或者丧失劳动能力的情况下，有从国家和社会获得物质帮助的权利。国家发展为公民享受这些权利所需要的社会保险、社会救济和医疗卫生事业。

（5）受教育的权利和义务。我国宪法规定，公民有受教育的权利和义务。

（6）进行科学研究、文学艺术创作和其他文化活动的自由。我国宪法规定，公民有进行科学研究、文学艺术创作和其他文化活动的自由。

（二）我国宪法规定的公民基本义务

1. 维护国家统一和全国各民族团结。

2. 必须遵守宪法和法律，保守国家秘密，爱护公共财产，遵守劳动纪律，遵守公共秩序，尊重社会公德。

3. 维护祖国的安全、荣誉和利益。

4. 保卫祖国、依法服兵役和参加民兵组织。

5. 依法纳税。

除了上述义务外，我国宪法还规定，夫妻双方有实行计划生育的义务；父母有抚养教育未成年子女的义务；成年子女有赡养扶助父母的义务等。

二、劳动法常识

劳动法是调整劳动关系以及与劳动关系密切联系的其他社会关系的法律规范的总和。

（一）劳动法的适用对象

1. 在中国境内的企业、个体经济组织和与之形成劳动关系的劳动者适用劳动法。

2. 国家机关、事业单位、社会团体和与之建立劳动合同关系的劳动者，依照劳动法执行。

员工制家政服务公司的家政服务从业人员，按照公司的安排到客户家服务，客户和家政服务公司签订家政服务合同，不与家政服务从业人员直接发生合同关系。这种情况下，家政服务从业人员与家政服务公司建立的劳动合同关系，适用劳动法。

非员工制家政服务公司的家政服务从业人员，经家政服务公司介绍，与客户直接约定服务内容和服务报酬等事项，签订服务合同，家政服务公司向客户、家政服务从业人员收取中介费。这种情况下，家政服务从业人员与客户建立的服务合同关系按照合同法等民事法律法规进行调整。

（二）劳动合同

1. 签订劳动合同需遵守的原则

（1）平等自愿、协商一致的原则。平等自愿是指在订立劳动合同的过程中，双方当事人的法律地位平等，不存在任何服从与命令的关系，完全依当事人自己的真实意愿订立合同的内容。

（2）合法原则。劳动合同必须依法订立，不得违反法律、行政法规的规定。

2. 劳动合同的主要条款

根据劳动法的规定，劳动合同必须具备以下条款：

（1）劳动合同期限。

（2）工作内容。

（3）劳动保护和劳动条件。

（4）劳动报酬。

（5）劳动纪律。

（6）劳动合同终止的条件。

（7）违反劳动合同的责任。

3. 劳动合同的解除

劳动合同的解除是指劳动合同的当事人在劳动合同期限届满之前，依法提前终止劳动合同关系的法律行为。劳动合同的解除存在协商解除和用人单位或劳动者单方解除劳动合同的情况，我国劳动合同法对此都做了明确的规定。

4. 解除劳动合同的经济补偿

解除劳动合同的经济补偿通常由用人单位依据国家有关规定和劳动合同约定，直接支付给劳动者。经济补偿的目的一方面是从经济上制约用人单位解除劳动合同的行为，另一方面是对失去工作的劳动者给予经济上的安慰和补偿。

三、妇女权益保障法常识

《中华人民共和国妇女权益保障法》（以下简称《妇女权益保障法》）自1992年施行以来，对保障妇女的合法权益，实现男女平等发挥了重要作用。

（一）妇女的政治权利

《妇女权益保障法》规定，国家保障妇女享有与男子平等的政治权利。妇女有权通过各种途径和形式，管理国家事务，管理经济和文化事业，管理社会事务。

（二）妇女的文化教育权益

教育是提高妇女认知水平的重要渠道。良好的教育对妇女实现自身价值，提高其在社会上和家庭中的地位有着积极的作用。《妇女权益保障法》规定，国家保障妇女享有与男子平等的文化教育权益。

（三）妇女的劳动和社会保障权益

《妇女权益保障法》规定，国家保障妇女享有与男子平等的劳动权利和社会保障权利。各单位在录用女职工时，应当依法与其签订劳动（聘用）合同或者服务协议，劳动（聘用）合同或者服务协议中不得规定限制女职工结婚、生育的内容。并实行男女同工同酬。

（四）妇女的财产权益

《妇女权益保障法》规定，国家保障妇女享有与男子平等的财产权利。在婚姻、家庭共有财产关系中，不得侵害妇女依法享有的权益。

（五）人身权利

人身权利是一种以人身利益为内容的重要权利，包括人格权和身份权两个方面。人格权又包括生命权、健康权、身体权、姓名权、名称权、肖像权、名誉权、荣誉权、隐私权、信用权等。身份权包括亲权、亲属权、配偶权等。这些权利都是为自然人所拥有的基本权利。《妇女权益保障法》在认可这些权利的同时，进一步强调，国家保障妇女享有与男子平等的人身权利。

（六）妇女的婚姻家庭权益

《妇女权益保障法》规定，国家保障妇女享有与男子平等的婚姻家庭权利。国家保护妇女的婚姻自主权。禁止干涉妇女的结婚、离婚自由。女方在怀孕期间、分娩后一年内或者终止妊娠后六个月内，男方不得提出离婚。禁止对妇女实施家庭暴力。妇女对依照法律规定的夫妻共同财产享有与其配偶平等地占有、使用、收益和处分的权利，不受双方收入状况的影响。

（七）妇女权益受侵害时的救济

《妇女权益保障法》规定，妇女的合法权益受到侵害时，有权要求有关部门依法处理，或者依法向仲裁机构申请仲裁，或者向人民法院起诉。

四、民事诉讼法常识

民事诉讼是民事活动当事人在民事纠纷发生后，通过法院的公开、公正的裁判解决纠纷的活动。

（一）民事诉讼法的适用范围

人民法院受理公民之间、法人之间、其他组织之间以及他们相互之间因财产关系和人身关系提起的民事诉讼。

（二）管辖

管辖是指民事纠纷发生后，当事人应当向哪个地区的哪一级人民法院起

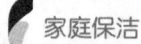
家庭保洁

诉。这里涉及民事诉讼管辖中的级别管辖和地域管辖两个问题。

1. 级别管辖的规定

除法律规定由中级人民法院、高级人民法院和最高人民法院管辖的第一审案件外，其余的第一审民事案件由基层人民法院管辖。

2. 地域管辖的规定

我国的地域管辖一般实行"原告就被告"原则，即原告应当向被告的住所地人民法院提起诉讼。在此原则之上，法律还规定了例外情况，例如，如果被告住所地与经常居住地不一致的，由经常居住地人民法院管辖；如果案件涉及多个被告且被告住所地不一致的，多个被告住所地法院都有管辖权，原告可以选择其中一个法院起诉，选择了哪个法院，案件的管辖权就由哪个法院行使等。

（三）民事诉讼的程序

我国人民法院审理民事案件实行两审终审制，即一个案件最多经过两级人民法院的审判即宣告终结的制度。

《中华人民共和国民事诉讼法》第119条规定，起诉必须符合以下条件：

1. 原告是与本案有直接利害关系的公民、法人和其他组织。

2. 有明确的被告。

3. 有具体的诉讼请求和事实、理由。

4. 属于人民法院受理民事诉讼的范围和受诉人民法院管辖。

（四）民事执行程序

民事执行程序是民事诉讼的最后阶段，是指人民法院的执行组织依照法律规定的程序，运用国家强制力依法采取执行措施，强制义务人履行生效判决、裁定书所确定义务的程序。

发生法律效力的民事判决、裁定，当事人必须履行。一方拒绝履行的，对方当事人可以向人民法院申请执行，也可以由审判员移送执行员执行。调解书和其他应当由人民法院执行的法律文书，当事人必须履行。一方拒绝履行的，对方当事人可以向人民法院申请执行。申请执行的期间为二年。申请执行时效的中止、中断，适用法律有关诉讼时效中止、中断的规定。

五、治安管理处罚法常识

（一）治安管理处罚法概述

《中华人民共和国治安管理处罚法》（以下简称《治安管理处罚法》）是为维护社会治安秩序，保障公共安全，保护公民、法人和其他组织的合法权益，规范和保障公安机关及其人民警察依法履行治安管理职责而制定的法律。《治安管理处罚法》是 2005 年 8 月 28 日通过并公布，2012 年 10 月 26 日进行修正并通过，于 2013 年 1 月 1 日起施行。

（二）治安管理处罚的种类

治安管理处罚的种类分为：警告、罚款、行政拘留、吊销公安机关发放的许可证。

（三）违反治安管理的行为和处罚

《治安管理处罚法》规定，扰乱公共秩序，妨害公共安全，侵犯人身权利、财产权利，妨害社会管理，具有社会危害性，尚不构成刑事处罚的，由公安机关依照《治安管理处罚法》给予治安管理处罚。

1. 扰乱公共秩序的行为

扰乱公共秩序的行为包括扰乱机关、团体、企业、事业单位秩序，致使正常工作不能进行；扰乱车站、码头等公共场所的秩序；扰乱公共汽车等公共交通工具上的秩序；违反国家规定侵入计算机信息系统，造成危害；传播计算机病毒等破坏性程序，影响计算机信息系统正常运行等行为。

2. 妨害公共安全的行为

妨害公共安全的行为包括非法携带枪支、弹药或管制刀具的；违法生产、销售、储存危险物品等行为。

3. 侵犯人身权利、财产权利的行为

侵犯人身权利的行为包括：殴打他人，非法限制他人人身自由，侮辱、诽谤他人，虐待家庭成员等行为。侵犯财产权利的行为包括：盗窃、诈骗、抢夺少量财物，哄抢他人财物；敲诈勒索、故意损坏公私财物等行为。

4. 妨害社会管理的行为

妨害社会管理的行为包括：窝赃、买赃、吸食、注射毒品，倒卖票证，阻碍国家机关工作人员依法执行职务，冒充国家机关工作人员招摇撞骗，尚不够刑事处罚的行为等。

对于上述四大类违反治安管理的行为，《治安管理处罚法》在做出了详细分类的同时，也规定了全面具体的处罚方法。

（四）执法监督

《治安管理处罚法》规定，公安机关及其人民警察应当依法、公正、严格、高效办理治安案件，文明执法，不得徇私舞弊。人民警察办理治安案件，有下列行为之一的，依法给予行政处分；构成犯罪的，依法追究刑事责任：

1. 刑讯逼供、体罚、虐待、侮辱他人的；

2. 超过询问查证的时间限制人身自由的；

3. 执行罚款决定与罚款收缴分离制度，或者不按规定将罚没的财物上缴国库或者依法处理的；

4. 私分、侵占、挪用、故意损毁收缴、扣押的财物的；

5. 违反规定使用或者不及时返还被侵害人财物的；

6. 违反规定不及时退还保证金的；

7. 利用职务上的便利收受他人财物或者谋取其他利益的；

8. 当场收缴罚款不出具罚款收据或者不如实填写罚款数额的；

9. 接到要求制止违反治安管理行为的报警后，不及时出警的；

10. 在查处违反治安管理活动时，为违法犯罪行为人通风报信的；

11. 有徇私舞弊、滥用职权，不依法履行法定职责的其他情形的。

第二章

家庭保洁基础知识

第一节 常用保洁工具

一、常用清洁类工具（见表 2-1）

◆ 表 2-1 常用清洁类工具

名称	用途	示例图片
玻璃双面擦	用于清洁窗户玻璃，尤其是高层住宅窗户玻璃外侧不易接触部位的清洁	
玻璃刮刀	用于刮除玻璃、镜面的水分	
涂水器	用于清洁厨房、卫生间区域的天花板、墙面及玻璃	

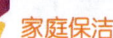
家庭保洁

续表

名称	用途	示例图片
小毛刷	用于清洁空间比较狭窄的缝隙	
瓷砖刷	用于清洁厨房、卫生间地面以及瓷砖边角处	
小缝刷	用于清除厨房灶台和墙壁的重油垢	
小胶铲	用于铲除顽固性污渍	
折叠桶	在清洁时用来盛装水	
尘推板	和伸缩杆搭配使用,用于地面清洁	
伸缩杆	搭配尘推板、玻璃刮刀、涂水器使用,用于清洗玻璃、地板瓷砖等材质的表面	
毛头	用于清洁厨房、卫生间的天花板、墙面及玻璃	

图 2-5　大理石材质

图 2-6　大理石材质桌子

2. 保洁要领

（1）清洗。使用中性清洁剂或全能清洁剂进行清洗。

（2）打蜡。可定时打蜡，使用高分子聚合物液体蜡进行保养。

（二）花岗石（见图2-7、图2-8）

1. 材质介绍

花岗石属于硬质石材，性能稳定，极少变形，能保持加工后精度，耐磨性强，耐用性高，硬度大，耐酸、耐碱、耐盐，因此得到广泛应用，在饰面石材中越来越受到人们的重视和欢迎。

图2-7 花岗石材质

图2-8 花岗石材质洗衣池

2. 保洁要领

（1）清洗。使用中性清洁剂、碱性清洁剂或全能清洁剂进行清洗。

（2）打蜡。一般新铺设的花岗石在半年至一年的时间内不用打蜡，只要清洗即可。一年后可使用高分子聚合物液体蜡进行保养。

（三）水磨石（见图2-9、图2-10）

1. 材质介绍

水磨石是用水泥拌和一定比例的白色细石组合而成的。在常温下，经过

图2-9　水磨石材质

图2-10　水磨石材质洗手池

一定的物理、化学变化过程，由可塑的水泥浆逐渐凝结，进而硬化，并通过磨石机逐渐加水磨平水泥面，形成具有清晰斑点的水磨石板材。水磨石具有良好的防滑性，但抗水性差，不耐酸，长时间摩擦容易起粉。

2. 保洁要领

（1）清洗。使用碱性清洁剂进行清洗。

（2）打蜡。使用高分子聚合物液体蜡进行保养。

（四）陶瓷砖（见图2-11、图2-12）

1. 材质介绍

陶瓷砖是以黏土为主要原料，经过配料、制坯后干燥和焙烧制得的成品。常见的陶瓷砖有内墙面砖、外墙面砖、锦砖、地面砖。内墙面砖外观平整光滑，质量小，积尘少，吸水率大，易受膨胀开裂。外墙面砖结构致密，抗风化能力和抗冻性强，吸水率小，硬度高，较耐酸碱。锦砖又称马赛克，质地坚硬耐用，色彩丰富。陶瓷地面砖结构致密，质地硬，抗压强度高，耐磨性好，耐酸碱，吸水率小。

图2-11 陶瓷砖材质

图 2-12　陶瓷砖材质地板及墙面

2. 保洁要领

（1）清洗。使用中性清洁剂及碱性清洁剂进行清洗。

（2）除尘。使用尘推板、伸缩杆配合地面尘推布除尘。详细清洁方法请见本章第五节拖擦部分内容。

二、木制材质

（一）原木（见图 2-13、图 2-14）

1. 材质介绍

原木是一种古老的、基本的建筑用材，可以作为房屋的梁柱结构材料，也可用来制作门窗、地板等。原木具有质地轻、强度高、弹性好、纹理美丽、有一定抗蚀性、易加工、易着色油漆等优点，但木材也有天然缺陷，如易燃、组织不均匀、易扭曲、易受虫害侵蚀、易吸收和散发水分而引起变形和开裂等。

2. 原木地板保洁要领

（1）清洗。使用中性清洁剂及碱性清洁剂，配合尘推板、地面尘推布、伸缩杆、地面毛巾进行清洗。

（2）打蜡。使用木地板上光剂。

家庭保洁

图 2-13　原木材质

图 2-14　原木材质地板

3. 其他原木制品保洁注意事项

在建筑装饰中，为了延长木材的使用寿命和保持美观的需要，建筑用木材常使用着色和油漆，所以在对木制品清洗和保养时应根据木材和油漆面的特性进行处理，尤其应注意以下事项：

（1）清洁带有油漆面的原木制品时忌用碱性清洁剂，易使油漆失去光泽。

（2）忌用含水过多的毛巾擦洗，如必须这样做应立即擦干，否则易引起渗水，导致木材变形。

（3）忌用香蕉水、丙酮等溶剂进行清洗，会严重破坏油漆表面。

（4）最合理的方式是用专业家具保养蜡进行保养，均匀涂抹或喷洒在木材表面即可。无论是选用膏状的固体蜡、液体蜡或喷蜡，都能对木材和油漆面起到良好保养并延长其使用寿命的效果。

（二）复合木制材料（见图2-15、图2-16）

1. 材质介绍

实木复合木制材料是由不同树种的板材交错层压而成，一定程度上克服

图2-15　复合木制材质

图2-16　复合木制材质地板

了实木单向同性的缺点，干缩湿胀率小，具有较好的尺寸稳定性，美观而且具有环保优势。家庭居室中常采用复合木制地板。

2. 复合木制地板保洁要领

（1）清洗。使用中性清洁剂及碱性清洁剂配合拖把擦地，或配合尘推板、地面尘推布、伸缩杆来清洗。

（2）打蜡。涂抹木质精油，或使用木地板上光剂。

三、金属材质

（一）铜（见图2-17、图2-18）

1. 材质介绍

铜是我国历史上使用最早的一种有色金属。家居中铜主要用于门把手、灯具、水龙头、装饰物及小件设施。铜具有较好的导电性、极佳的导热性、较好的耐腐性和延展性。

2. 保洁要领

（1）清洗。清洗铜制品时，应配合使用软布摩擦清洗，忌用砂纸和硬器件。

图2-17　铜材质

第二章 家庭保洁基础知识

图 2-18 铜材质灯具

（2）打蜡。如果铜制品表面已经涂过防护性树脂漆，应选用家居保养蜡进行保养。

（二）不锈钢（见图 2-19、图 2-20）

1. 材质介绍

除了具有普通钢材的性质外，不锈钢还具有高韧性、高硬度、耐磨、极耐酸碱和大气腐蚀、易切削、表面光滑等优点。

图 2-19 不锈钢材质

图 2-20　不锈钢材质桌子

2. 保洁要领

（1）普通不锈钢表面的清洗不宜用水，否则易产生不锈钢表面膜层的雾化。通常选用油性清洁剂清洗，但需注意一定要用干布擦干，否则极易造成再污染。

（2）毛面不锈钢清洗时使用带有研磨剂、溶剂的乳蜡清洁剂，并且必须顺着毛面不锈钢表面的拉丝纹路进行清洁。

（3）彩棉不锈钢和镜面不锈钢清洗时不宜使用带研磨剂、溶剂的乳蜡清洁剂，而应使用泡沫状的玻璃清洁剂配合干净的软布进行清洁。

（三）银（见图 2-21、图 2-22）

1. 材质介绍

银的化学性质较活泼，容易与空气中的二氧化硫作用形成黑色的硫化银，使银器表面氧化变黑。因此银器在一段时间不使用后，容易氧化发黑，失去光泽。

2. 保洁要领

清洁银器时，在清水中加入苏打粉进行清洗，最后擦干银器上的水。

图 2-21 银材质

图 2-22 银茶具

(四)铝合金(见图 2-23、图 2-24)

1. 材质介绍

铝合金除具有适宜的力学性能之外,还具有优良的耐腐蚀性、导热导电性能。

家庭保洁

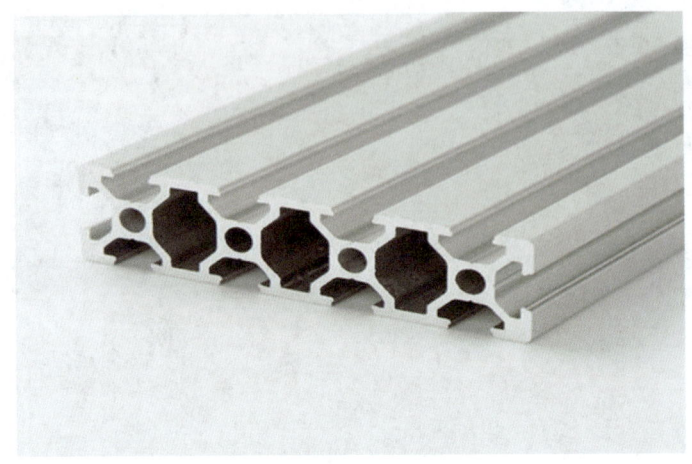

图 2-23　铝合金材质

图 2-24　铝合金材质门

2. 保洁要领

直接用水擦洗铝合金材质表面,去除灰尘。

四、针织材质

(一)羊毛(见图 2-25、图 2-26)

1. 材质介绍

羊毛材料的光泽柔和,吸湿性强,弹性好,手感舒适,不易起皱;较为

材质变形,同时要避免用力摩擦。

(三)麻质(见图2-29、图2-30)

1. 材质介绍

家居中也常用麻编织成的饰物。麻质材质具有抑菌、耐磨、抗静电、耐

图2-29　麻质材质

图2-30　麻质材质沙发套

高温、防紫外线、透气性好、较好的抗酸碱性等优点，但麻织物易起皱、缩水。

2. 保洁要领

（1）去渍。做局部重点去渍，用毛巾蘸少许水擦拭或用小毛刷刷掉污渍。

（2）清洗。用常温的清水浸泡后轻轻揉搓。注意不可用硬刷刷洗，不可用力拧干。

五、玻璃材质（见图2-31、图2-32）

1. 材质介绍

玻璃是以石英砂、纯碱、石灰石为主要原料，加入适量的辅助材料，在炉内高温熔融成型后冷却而成的。玻璃不耐急冷和急热，易碎，透光性好。

2. 保洁要领

（1）清洁玻璃时应避免尖锐的坚硬物与玻璃碰撞。

（2）使用中性清洁剂清洗玻璃。清洁时要配合使用涂水器、玻璃刮刀、

图 2-31　玻璃材质

图 2-32 玻璃材质桌子

玻璃毛巾。

（3）长期使用碱性清洁剂对玻璃透光度有影响，必须使用碱性清洁剂时，要按照一定比例进行稀释。

六、塑料材质（见图 2-33、图 2-34）

1. 材质介绍

塑料是指以合成树脂或天然树脂为主要原料，加入其他添加剂后，在一

图 2-33 塑料材质

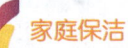
家庭保洁

图 2-34　塑料材质椅子

定条件下经过混炼、塑化、成型，且在常温下能保持产品形状不变的材料。塑料具有保温隔热性、气密性、水密性、耐腐蚀性、耐水性、耐老化性。同时塑料受热易变形，具有易燃性，燃烧后伴有大量毒气和烟。

2. 保洁要领

清洗塑料材质时，应使用中性清洁剂或碱性清洁剂。

七、皮革材质

（一）真皮（见图 2-35、图 2-36）

1. 材质介绍

真皮是将动物皮（生皮）鞣制加工后，制成各种特性、强度、手感、色彩、花纹的皮具材料，是现代真皮制品的必需材料。其中，牛皮、羊皮和猪皮是制革所用原料的三大皮种。真皮手感通常滑爽、柔软、丰满且具有弹性。其表面有细小毛孔，纹路自然、不规则。

2. 保洁要领

（1）用毛巾蘸水拧干后对皮革轻轻擦拭。若皮革上有污渍，用毛巾蘸专业清洁剂擦拭，然后让其自然晾干。

（2）皮革吸附性强，应注意防污。平常擦拭真皮沙发时不能大力搓擦，

图 2-35　真皮材质

图 2-36　真皮材质沙发

以免损伤表皮。

（3）如需深度保洁，需要请专业人士来清理。

（二）人造革（见图 2-37、图 2-38）

1. 材质介绍

人造革也叫作仿皮或胶料，是 PVC（Polyvinyl Chloride 的缩写，即聚氯乙烯）和 PU（Poly Urethane 的缩写，即聚氨酯）等人造材料的总称。它是在纺

图 2-37　人造革材质

图 2-38　人造革材质沙发

织布基或无纺布基上,由各种不同配方的 PVC 和 PU 等发泡或覆膜加工制作而成,可以根据不同强度、耐磨度、耐寒度和色彩、光泽、花纹图案等要求加工制成,具有花色品种繁多、防水性能好、边幅整齐、利用率高和价格相对真皮便宜的特点。人造革表面一般摸着发涩,柔软性差,表面无毛孔,纹路规则。

2. 保洁要领

（1）用毛巾蘸水拧干后对人造革轻轻擦拭。若人造革上有污渍，用毛巾蘸专业清洁剂擦拭，然后让其自然晾干。

（2）人造革吸附性强，应注意防污。平常擦拭人造革沙发时不能大力搓擦，以免损伤表皮。

（3）如需深度保洁，需要请专业人士来清理。

（三）合成革（见图2-39、图2-40）

1. 材质介绍

合成革是模拟天然革的组成和结构并可作为其代用材料的塑料制品。表面主要是聚氨酯，基料是涤纶、棉、丙纶等合成纤维制成的无纺布。其正、反面都与皮革十分相似，并具有一定的透气性。合成革的特点是光泽漂亮，不易发霉和虫蛀，并且比普通人造革更接近天然革。

2. 保洁要领

（1）用毛巾蘸水拧干后对合成革轻轻擦拭。若合成革上有污渍，用毛巾蘸专业清洁剂擦拭，然后让其自然晾干。

图 2-39　合成革材质

图 2-40　合成革材质沙发

（2）合成革吸附性强，应注意防污。平常擦拭合成革沙发时不能大力搓擦，以免损伤表皮。

（3）如需深度保洁，需要请专业人士来清理。

第四节　污垢类型的识别与保洁要领

一、水垢（见图 2-41）

1. 污垢介绍

自来水内除了含有漂白粉外，还存在许多人们用肉眼无法察觉的矿物质。含较多可溶性钙镁化合物的水称为硬水。矿物质在硬水中长期积累易形成水垢，常见于卫生间地板、水龙头、淋浴头等处积存。

2. 保洁要领

（1）清理水垢上及旁边的杂物。

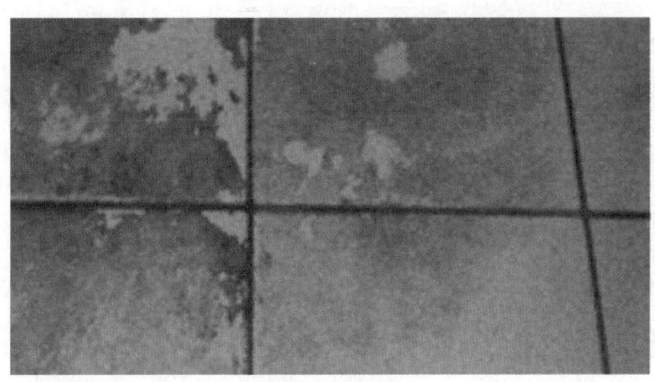

图 2-41 水垢

（2）在水垢表面倒适量的卫浴清洁剂。

（3）用毛巾擦拭，或用尘推板、伸缩杆配合地面尘推布擦拭。

二、锈垢（见图 2-42）

1. 污垢介绍

在日常生活中，常会看到裸露的金属慢慢失去原有的光泽，如裸露的铁器表面慢慢失去光泽，长出褐色的铁锈。锈垢就是由于金属受外界环境腐蚀生锈而形成的。

2. 保洁要领

（1）用毛巾蘸取少量清洁剂，擦拭有锈垢的金属表面。

（2）毛巾沾有锈垢，继续擦拭不能有效清洁锈垢时，应把毛巾放入清水

图 2-42 锈垢

中清洗干净、拧干后再使用。

（3）对清洁完的金属表面用水冲净，再用干毛巾擦干。

三、油垢（见图2-43）

1. 污垢介绍

厨房是最容易留有油垢的地方，油垢积存过多还容易发生火灾。当带有明火的东西碰到了油垢就会燃烧，油垢越厚，火势越大，越易给家庭带来威胁。

图2-43　油垢

2. 保洁要领

（1）根据碱性清洁剂使用说明稀释清洁剂。

（2）用毛巾蘸取稀释好的碱性清洁剂，拧干后擦拭沾有油垢的表面，如油垢顽固的，可以使用百洁布反复擦拭。

（3）毛巾沾有不少油垢，继续擦拭不能起到清洁作用时，应将毛巾放入水中清洗，拧干后再使用。

（4）重复以上步骤直至油垢清洗完毕。最后用清水清洁干净、擦干。

第五节 清洁方式

一、擦拭

擦拭是日常清洁工作中常用的清洁方式，其主要目的是去除家具、台面、门窗、墙面、窗台、卫生洁具上的灰尘和污垢。日常生活中使用的擦拭工具包括：各区域的毛巾、百洁布等。

（一）擦拭工具

1. 毛巾

擦拭工作应使用棉质的毛巾。毛巾在使用时应对折2次，叠成4层（正反共8面）。擦拭时先用第一个面，第一个面用脏后再用另一面，这样操作既能节水，又可以保证清洁质量，并提高工作效率。用完后应及时清洗毛巾。

2. 百洁布

百洁布用于一般污渍清除，可有效去除污渍。清除不同位置的污垢时，可采取对折或窝角的方法，使清洁效果更好。针对顽固的污垢，可用手指顶住百洁布的局部擦拭，以达到更好的效果。在清除小块凹坑里面的污垢和角落位置的污垢时，可以把百洁布折叠成一个锥体，然后用锥尖部分深入到藏有污垢的地方擦拭。

（二）擦拭方法

1. 湿擦

湿擦是广泛用于清洁灰尘和污垢的一种擦拭方法。其清洁原理是湿毛巾可将污垢溶于水中，从而达到清洁的效果。在具体操作时，先将干净的毛巾打湿，然后拧干至不滴水的状态。一般擦拭比较脏且可允许湿擦的物品时，用干净的湿毛巾擦拭后，用干毛巾擦拭水印。

2. 半干擦

类似电脑、台灯、音箱等物品不能湿擦，但干擦又难以达到清洁目的时，便需要用半湿半干的毛巾擦拭。半干擦比干擦更易于黏附灰尘，可以一次性擦拭完成清洁工作，达到较好的清洁效果。半干毛巾可以用来擦拭真皮沙发、家具、较干净的地面。

3. 干擦

干擦可以去除物品表面的灰尘。或用于干擦物品表面水分，达到表面干燥光洁的效果。在清洁顺序中，干擦主要用于清洁的最后一步。同时有些物品必须使用干毛巾擦拭，如实木家具、红木家具、收藏艺术品、字画、古玩等。

4. 加清洁剂擦拭

油脂性污垢不易溶于水，湿毛巾很难擦干净，这时便需要用蘸有溶油性清洁剂的毛巾擦拭，然后用干净毛巾彻底清除物品上残留的清洁剂，再擦干。

（三）擦拭手法

1. 紧密 S 形手法

（1）使用场景：适用于桌面、台面擦拭。

（2）准备物品：毛巾。

（3）操作步骤

1）将毛巾打湿，拧至不滴水的状态（毛巾内水分的多少取决于台面的干净程度，台面脏，毛巾含水可多些）。

2）将毛巾平整叠好，对折 2 次，叠成 4 层毛巾。将毛巾放在台面的一个角上，五指分开均匀压实毛巾，毛巾略超过台面的边线，如图 2-44 所示。

3）毛巾沿着边线迅速移动，当超过桌面边线时，毛巾向内侧旋转呈 S 形来回擦拭，如图 2-45、图 2-46 所示。

（4）手法要点

1）呈 S 形紧密衔接擦拭，不能留下空当区。

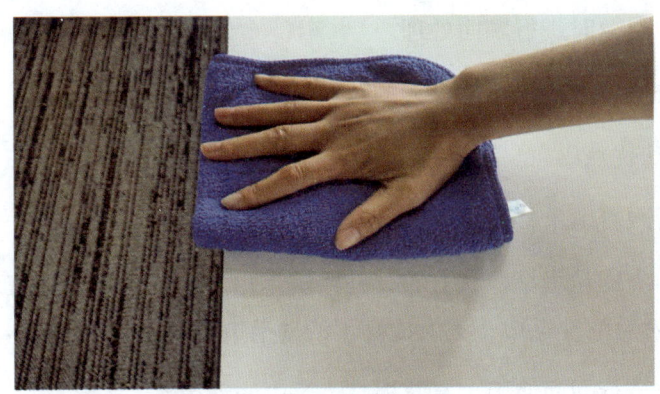

图 2-44　操作动作一

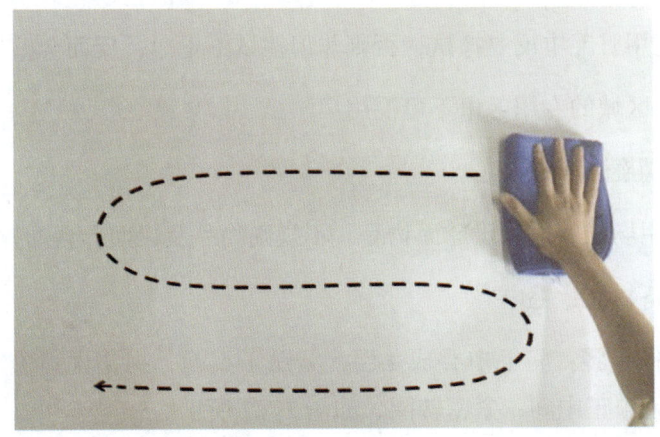

图 2-45　操作动作二

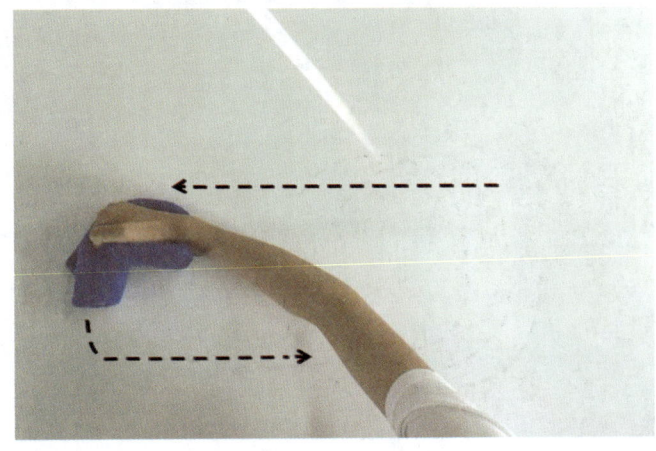

图 2-46　操作动作三

2）毛巾要及时进行翻面处理。

3）清洗毛巾之前先将毛巾上的垃圾抖落于垃圾桶内。

（5）手法优点

1）垃圾跟着毛巾移动，不会污染其他区域。

2）毛巾上的垃圾呈线状分布，在清洗毛巾之前，可用手指将垃圾线搓成球清理掉，然后清洗毛巾，大大提高了清洗毛巾的便捷度。

3）毛巾进行翻面使用，有效提高了毛巾的利用率。

（6）注意事项

1）不能用脏毛巾反复擦拭，否则非但擦拭不干净，反而会擦伤物品。

2）不同区域的专用毛巾不可混用。

2. 紧密螺旋形手法

（1）使用场景：适用于球面物品、不规则物品及桌面、台面擦干。

（2）准备物品：毛巾。

（3）操作步骤：将毛巾叠成4层，紧贴于桌面，拇指虎口夹紧毛巾，手掌心控制在毛巾正中间，紧密转圈，如图2-47所示。

（4）手法优点：能无死角地擦干桌面，恢复物品的亮度。

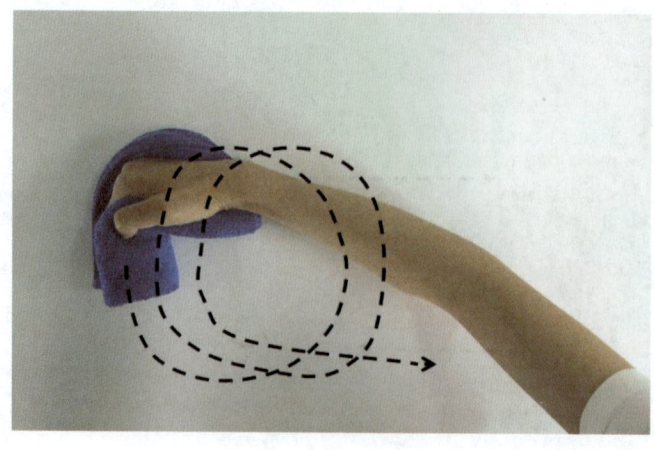

图 2-47　操作步骤

（5）注意事项

1）毛巾应选用柔软厚实和吸水性强的棉质毛巾，这样能更快地擦干桌面。

2）擦干时不要遗忘边角处。

二、刮擦

刮擦是保洁服务中常用的清洁方式，其主要目的是清除玻璃、门窗和一些家具表面的灰尘。保洁服务中使用的刮擦工具主要有涂水器、玻璃刮刀、玻璃双面擦、玻璃毛巾等。

（一）刮擦工具

1. 涂水器

涂水器搭配毛头使用，可将水或玻璃清洁剂涂到窗户上。使用时先将毛头打湿，然后套在涂水器上即可使用。

2. 玻璃双面擦

玻璃内外的清洁用到的是玻璃双面擦，它的操作原理是利用磁铁的吸力，将两片玻璃擦分别吸在玻璃的内外两侧，然后通过内部这片玻璃擦的转动，带动外部玻璃擦的转动，从而达到清洁内外玻璃的效果。应注意的是，如果玻璃擦吸力过大很容易将玻璃压碎，如果吸力太小，则在操作过程中玻璃擦易分离，所以清洁的玻璃一定要在玻璃擦吸力的适用范围内。

3. 玻璃刮刀

玻璃刮刀一般与伸缩杆搭配使用，刮头由橡胶制成，韧性好，刮水效果好。通常用在玻璃涂水清洗后，用玻璃刮刀刮掉玻璃上的水迹，使玻璃恢复洁净。

4. 玻璃毛巾

玻璃毛巾与伸缩杆、涂水器搭配使用，用于玻璃清洁完成之后擦干的步骤中。将玻璃毛巾挂在涂水器上，采用从上往下拖动的手法擦干玻璃。

（二）刮擦手法

1. 紧密1形手法

（1）使用场景：适用于玻璃内表面清洁。

（2）准备物品：毛头、涂水器、玻璃刮刀、玻璃毛巾、伸缩杆。

（3）操作步骤

1）将毛头用水打湿，套在涂水器上，在玻璃上有较多灰尘的情况下可倾倒少许玻璃清洁剂在毛头上。接着将涂水器装到伸缩杆上，最后把涂水器紧紧压靠在窗户内侧玻璃上，上下竖直刮擦（即紧密1形刮擦，见图2-48）。

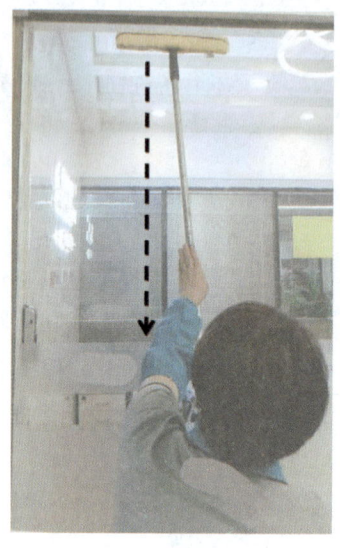

图2-48　操作动作一

2）待玻璃被擦拭干净后，将玻璃刮刀放在玻璃上，从上到下呈紧密1形刮擦。将多余的水分刮下来，如图2-49所示。

3）把干燥的玻璃毛巾挂在涂水器上，呈紧密1形上下刮擦，将水迹擦干，如图2-50所示。

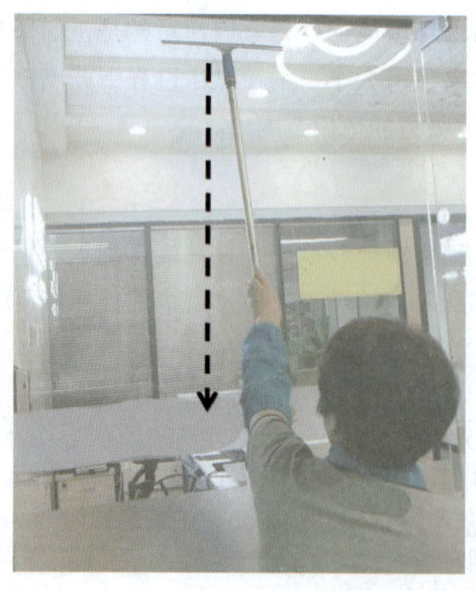

图2-49　操作动作二

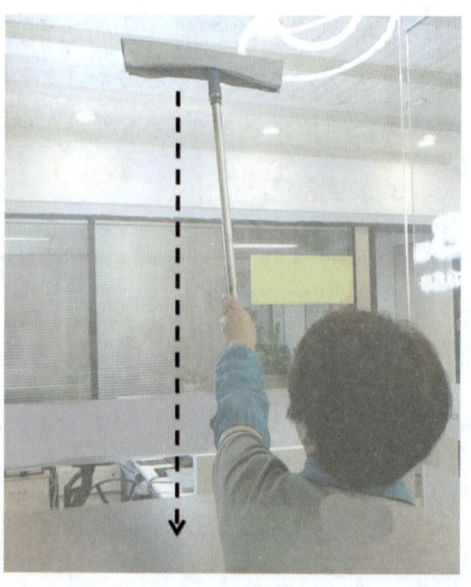

图2-50　操作动作三

（4）手法要点

刮水时从上往下刮，不能留下空当区。

2. 紧密弧形手法

（1）使用场景：适用于玻璃内外双面清洁。

（2）物品准备：玻璃双面擦、水。

（3）操作步骤

1）将玻璃擦上的两片上水绵浸满水，将清洁剂（起润滑作用）倒在上水绵上，两片上水绵相对（磁铁不能正面相抵）进行摩擦，产生丰富的泡沫，再轻轻挤压掉多余的水分。

2）将安全绳固定在窗把手或是手腕上，绳子抛出窗外。

3）将玻璃擦贴在玻璃的内外侧，有把手的一片在室内用，没把手的一片在室外用，先错开再缓缓吸在一起。

4）玻璃擦移动过程中首先要紧贴窗框移动，其次移动路径为弧形，最后从一侧运行到另一侧时一定要将玻璃器沿窗框向下移动一段距离，如图 2-51 所示。

图 2-51　玻璃擦移动过程

5）当没有清洁的玻璃宽度小于玻璃擦本身的宽度时，需要将玻璃擦方向调整为胶条在上，上水绵在下的状态，从玻璃一侧推向另一侧；当距离窗框 3 厘米时，旋转玻璃擦胶条紧贴窗框，移动到另一侧窗框处即可，最后将玻璃擦取下。

6）清洁玻璃擦后收起玻璃擦。

7）将窗框、窗台、周围地面擦拭干净。

（4）注意事项

1）玻璃擦在使用之前注意检查外表面是否有破损，蓄水海绵部分轻微破损不影响使用，而磁铁上面外壳出现破损则会影响使用。

2）玻璃擦在使用之前注意检查胶条是否有缺口、两边角是否断裂，若有需要更换新的胶条。

3）玻璃擦在使用之前注意检查内侧磁铁部分是否沾有沙子、石子、铁屑等坚硬物，若有需要清洁干净，否则容易划伤玻璃表面。

4）玻璃擦在使用之前注意检查上水绵是否含有大量泥土、沙子（含有大量泥沙就会变得又黑又硬），若有需要则应清洁干净。

5）玻璃擦在使用之前注意检查安全绳是否结实，以免掉落导致意外。

三、拖擦

拖擦是保洁服务中常用的清洁方式，主要是为了清除屋内、走廊、楼梯上的灰尘和污渍。拖擦工具主要是伸缩杆、尘推板、地面尘推布。

（一）拖擦工具

伸缩杆、尘推板、地面尘推布配合使用，需要先将地面尘推布粘到尘推板上，然后再将尘推板和伸缩杆装在一起，就可变成一个简易的拖把。需要换洗地面尘推布时，只需将地面尘推布从尘推板上取下，洗净后再粘回尘推板又可继续使用。

（二）拖擦方法

1. 湿拖

将拖把浸湿后拖抹地面叫作湿拖，主要用于清除地面上的尘土和污垢。湿拖是将尘土和污垢溶于水中，然后再拖擦干净（地面尘推布内水分的多少取决于地面的干净程度，地面脏，地面尘推布含水可多些）。

2. 干拖

用干燥的地面尘推布拖擦地面叫作干拖，主要用于擦亮地面或抹去地面上的水迹。

3. 加清洁剂拖擦

加清洁剂拖擦是为了去除难以被水溶解或含有油脂的污垢，做法是在地面尘推布上蘸清洁剂拖擦，拖擦后地面残留清洁剂需去除。

（三）紧密 S 形拖擦手法

1. 使用场景：适用于瓷砖地面、大理石地面、木地板。

2. 准备物品：伸缩杆、尘推板、地面尘推布。

3. 操作步骤

（1）将地面尘推布打湿，拧至不滴水的状态（地面尘推布内水分的多少取决于地面的干净程度，地面脏，地面尘推布含水可多些）。

（2）将地面尘推布粘到尘推板上。

（3）一只手握住伸缩杆下部，另一只手虎口向上握住伸缩杆上部，双腿分开，身体向前倾。

（4）使尘推板竖向放置，并沿着地板边线向右运行，当尘推板头超过地板竖边线时，拖头向内旋转，呈紧密 S 形拖擦，如图 2-52、图 2-53 所示。

4. 手法要点

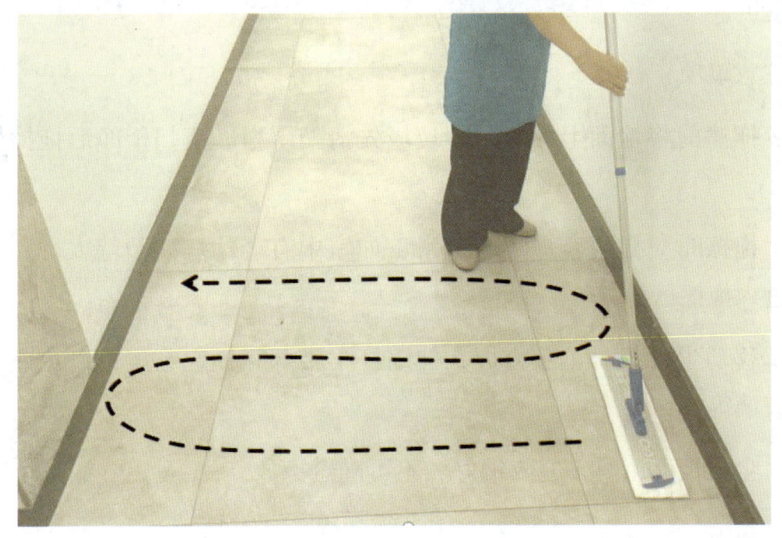

图 2-52　操作动作一

家庭保洁

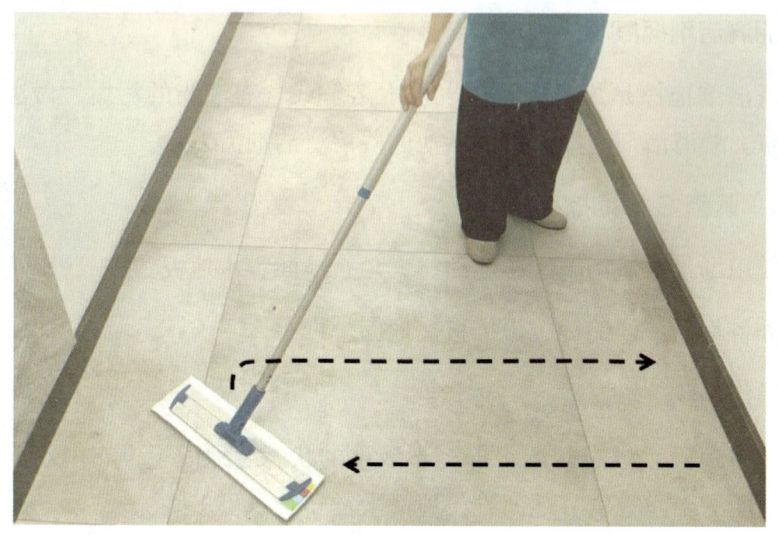

图 2-53 操作动作二

紧密擦拭,不能留下空当区。

5. 手法优点

(1)垃圾随着地面尘推布移动,不会污染其他区域。

(2)地面尘推布上的垃圾呈线状分布,在清洗地面尘推布之前,可用手指将垃圾线搓成球清理掉,然后清洗地面尘推布,大大提高了清洗地面尘推布的便捷度。

6. 注意事项

(1)拖擦前将地面上的灰尘、垃圾先清扫干净。清扫干净后拖擦效果更好。

(2)拖擦时应提醒客户小心地滑,如家中有老幼病残孕等人群,应提醒其避免进入拖擦区域。

(3)移动尘推板时,手应握在伸缩杆半腰部竖提起行走,以免碰到他人或墙壁玻璃等。

(4)尘推板不用时,应收纳好,不可随意摆放。

第三章
家庭各区域保洁

第一节　卧室保洁

一、卧室保洁内容

卧室保洁内容包括天花板、墙面及挂件、窗户、床头柜、床铺、梳妆台、衣柜、门、踢脚线、地面，如图3-1所示。

图3-1　卧室保洁内容

二、卧室保洁标准和步骤

（一）卧室天花板（见图3-2）保洁

1. 保洁标准：天花板无蜘蛛网和灰尘。

2. 使用工具：毛头、涂水器、伸缩杆。

3. 保洁步骤

（1）将干毛头套在涂水器上，安装到伸缩杆上。

（2）用毛头将天花板的蜘蛛网和灰尘扫干净。

图 3-2　卧室天花板

（二）卧室墙面及挂件（见图3-3）保洁

1. 保洁标准

（1）墙面擦拭干净，无污渍。

（2）电源开关及挂件擦拭无灰尘。

2. 使用工具：折叠桶、家具毛巾。

3. 保洁步骤

（1）把干毛头套在涂水器上，擦拭墙面。

图 3-3 卧室墙面及挂件

（2）用家具毛巾半干擦开关，将表面的污渍清洁干净。再用家具毛巾干擦开关，确保没有残留的水痕。

（3）用干家具毛巾擦拭墙面挂件。

（三）卧室窗户（见图 3-4）保洁

1. 保洁标准

（1）窗户玻璃内侧透亮、无污渍、无水痕。

（2）纱窗无灰尘、无水痕。

（3）窗槽内无灰尘。

2. 使用工具：毛头、涂水器、玻璃刮刀、玻璃毛巾、伸缩杆、玻璃清洁剂。

3. 保洁步骤

（1）将毛头用水打湿，套在涂水器上，在玻璃上有较多灰尘的情况下可倾倒少许玻璃清洁剂在毛头上。再将涂水器装到伸缩杆上，把涂水器靠在窗户内侧玻璃上，呈紧密 1 形上下刮擦。

（2）待玻璃被擦拭干净后，将玻璃刮刀放在玻璃上，从上到下呈紧密 1

图 3-4 卧室窗户

形刮擦，将多余的水分刮下来。

（3）把干燥的玻璃毛巾挂在涂水器上，呈紧密1形上下刮擦，将水迹擦干。

（4）将湿毛头套在涂水器上，湿擦纱窗，直至将纱窗上的灰尘清洁干净，再用干毛头套在涂水器上干擦一遍。

（5）用小毛刷扫除窗槽中的灰尘。

（四）卧室床头柜（见图3-5）保洁

1. 保洁标准

（1）桌面无灰尘、无水痕。

（2）灯饰、电源开关擦拭无灰尘。

（3）根据客户要求将物品摆放整齐。

2. 使用工具：家具毛巾、折叠桶。

图 3-5 卧室床头柜

3. 保洁步骤

（1）清洁台灯：先断电，用毛巾轻轻干擦，直至擦拭干净，再插上电源。

（2）清洁桌面：采用紧密 S 形手法擦拭桌面及物品表面至无尘。

（3）收纳：征求客户意见后将物品摆放整齐。

（五）卧室床铺（见图 3-6）保洁

1. 保洁标准

（1）床铺上枕头摆放整齐，被子平铺覆盖整床，靠枕头一边翻折 30 厘米。

（2）床边无灰尘、无水痕。

（3）根据客户要求将物品摆放整齐。

2. 使用工具：家具毛巾、折叠桶。

3. 保洁步骤

（1）用毛巾干擦床边，直至擦拭干净。

图 3-6 卧室床铺

（2）床单铺平，枕头在床头摆放整齐，被子平铺整理，靠枕头一边翻折 30 厘米。

（3）物品整理：若床上有物品，征求客户意见后将物品摆放整齐。

4. 注意事项

（1）整理床单及床上用品时应和客户沟通，征得客户同意后方可整理。

（2）整理床上物品前，应把手洗干净。

（六）卧室梳妆台（见图 3-7）保洁

1. 保洁标准

（1）桌面物品无灰尘。

（2）灯饰、电源开关擦拭无灰尘。

（3）根据客户要求将物品摆放整齐。

2. 使用工具：家具毛巾、折叠桶。

3. 保洁步骤

（1）清洁镜面：先湿擦，再干擦。

图 3-7 卧室梳妆台

(2)清洁镜灯：先断电，使用干擦的方法擦拭，清洁完毕再插上电源。

(3)清洁梳妆台：采用紧密 S 形手法擦拭桌面及物品表面至无尘。

(4)物品整理：征求客户意见后将物品摆放整齐。

(七)卧室衣柜(见图 3-8)保洁

1. 保洁标准

(1)衣柜表面无污渍、无水痕。

(2)衣柜把手无污渍、无水痕。

2. 使用工具：家具毛巾、折叠桶。

3. 保洁步骤

(1)将家具毛巾套在涂水器上，湿擦一遍衣柜顶部，再干擦至无水痕。

(2)用家具毛巾湿擦衣柜表面和衣柜把手，再干擦至无水痕、无污渍。

图 3-8 卧室衣柜

（八）卧室门（见图 3-9）保洁

1. 保洁标准

（1）门顶部和边沿无污渍、无灰尘、无水痕。

（2）门表面无污渍、无灰尘、无水痕。

（3）门把手无污渍、无灰尘、无水痕。

2. 使用工具：家具毛巾、折叠桶。

3. 保洁步骤

（1）清洁门的顶部和边沿，先湿擦，再干擦。

（2）门上如有装饰的凹槽，须用手指顶住毛巾伸入凹槽内清洁。

（3）清洁门表面，最后清洁门的外把手。

图 3-9 卧室门

(九)卧室踢脚线(见图 3-10)保洁

1. 保洁标准:踢脚线擦拭干净,无污渍、无水痕。

2. 使用工具:折叠桶、地面毛巾。

3. 保洁步骤:用地面毛巾湿擦一遍踢脚线,再干擦一遍。

图 3-10 卧室踢脚线

（十）卧室地面（见图 3-11）保洁

1. 保洁标准：地面洁净、无污渍、无水痕。
2. 使用工具：折叠桶、地面尘推布、平拖头、伸缩杆、小毛刷。

图 3-11　卧室地面

3. 保洁步骤

（1）将尘推板装到伸缩杆上，再将地面尘推布粘到尘推板上。

（2）采用紧密 S 形拖擦的手法清洁地面。

第二节　书房保洁

一、书房保洁内容

书房保洁内容包括天花板、墙面及挂件、书桌椅、书架、窗户、门、踢脚线、地面保洁，如图 3-12 所示。

图 3-12 书房保洁内容

二、书房保洁标准和步骤

书房天花板、墙面及挂件、窗户、门、踢脚线、地面保洁均可参照卧室区域相应部分的保洁操作和保洁标准执行。下面重点介绍书房书桌椅和书架的保洁。

（一）书房书桌椅（见图 3-13）保洁

1. 保洁标准

（1）桌面物品无灰尘。

（2）计算机、台灯、音响等无灰尘。

（3）根据客户要求将物品摆放整齐。

2. 使用工具：家具毛巾、折叠桶。

3. 保洁步骤

（1）清洁书桌、椅子：先用紧密 S 形手法干擦或半干擦，之后进行物品归位。

（2）清洁计算机、台灯、音响：先断电，然后使用毛巾干擦或半干擦，清洁完毕再插上电源。

（3）征求客户意见后将物品摆放整齐。

图 3-13　书房书桌椅

（二）书房书架（见图 3-14）保洁

1. 保洁标准

（1）书籍摆放整齐。

（2）书架无灰尘。

2. 使用工具：家具毛巾、折叠桶。

3. 保洁步骤

（1）把书架台面上的杂物，如笔、电源线、笔记本等物品整理后归位放置。

（2）表面除尘，书籍摆放杂乱的可以顺手摆放整齐，以美观整齐为宜。

4. 注意事项：如需整理书籍，应询问客户摆放位置和摆放习惯，按客户要求执行。

图 3-14　书房书架

第三节　客厅保洁

一、客厅保洁内容

客厅保洁内容包括天花板、墙面及挂件、窗户、门、电视柜、茶几、沙发、鞋柜、垃圾桶、踢脚线、地面保洁，如图 3-15 所示。

二、客厅保洁标准和步骤

客厅天花板、墙面及挂件、窗户、门、踢脚线、地面保洁均可参照卧室区域相应部分的保洁操作和保洁标准执行。下面重点介绍电视柜、茶几、沙

家庭保洁

图 3-15 客厅保洁内容

发、鞋柜、垃圾桶的保洁。

（一）客厅电视柜（见图 3-16）保洁

1. 保洁标准

（1）电视柜表面无灰尘、无水痕。

（2）电视机表面无灰尘。

（3）根据客户要求将物品摆放整齐。

图 3-16 客厅电视柜

2. 使用工具：家具毛巾、折叠桶。

3. 保洁步骤

（1）清洁电视柜表面：采用紧密 S 形手法半干擦拭直至干净。

（2）清洁电视机表面：先断电，干擦干净后，再插上电源。

（3）物品归位：征求客户意见后将物品摆放整齐。

（二）客厅茶几（见图 3-17）保洁

1. 保洁标准

（1）茶几内茶具摆放整齐。

（2）茶水桶倾倒干净。

（3）烟灰缸倾倒干净。

（4）茶几表面整洁、无污渍。

2. 使用工具：家具毛巾、折叠桶。

图 3-17　客厅茶几

3. 保洁步骤

（1）清理茶几台面上的垃圾。

（2）将茶几物品拿起放置一旁，湿擦茶几台面，再干擦收水。湿擦干净茶几物品。

（3）将茶具内的茶叶倒进垃圾桶，清洗干净茶具。

（4）将物品归位、摆放整齐。

（三）客厅沙发（见图3-18）保洁

1. 保洁标准

（1）沙发坐垫、靠垫摆放整齐。

（2）沙发缝隙无杂物。

（3）沙发底部清扫干净，无毛发、无杂物。

2. 使用工具：家具毛巾、折叠桶。

3. 保洁步骤

（1）根据沙发材质判断清洗方法。布艺沙发用手轻轻弹灰，再按照沙发

图3-18　客厅沙发

纹理干擦一遍；皮质沙发，使用毛巾湿擦，再用毛巾干擦收水；红木沙发不可湿擦，拿毛巾干擦除灰即可。

（2）沙发缝隙的垃圾清理干净。

（3）沙发靠枕摆放整齐。

（4）沙发底部清扫干净。

（四）客厅鞋柜（见图3-19）保洁

1. 保洁标准

（1）鞋柜表面擦拭无灰尘、无水渍。

（2）鞋子统一朝向摆放整齐。

2. 使用工具：家具毛巾、折叠桶。

3. 保洁步骤

图3-19　客厅鞋柜

（1）用毛巾半干擦鞋柜表面。

（2）用干毛巾将鞋柜表面水渍等擦干净。

（3）物品归位，鞋柜内的鞋头统一朝向摆放整齐。

（五）客厅垃圾桶（见图3-20）保洁

1. 保洁标准

（1）倾倒垃圾，清洗垃圾桶内外部。

（2）给垃圾桶套上干净的垃圾袋。

2. 使用工具：厨房毛巾。

3. 保洁步骤

（1）清理垃圾，然后清洗垃圾桶内外部。

（2）更换新垃圾袋并带走垃圾。

4. 注意事项：垃圾袋带走之前必须请客户确认是否可以扔掉垃圾，以免误扔垃圾。

图3-20　客厅垃圾桶

第四节 餐厅保洁

一、餐厅保洁内容

餐厅保洁内容包括天花板、墙面及挂件、窗户、门、冰箱、酒柜、餐桌椅、垃圾桶、踢脚线、地面保洁,如图 3-21 所示。

图 3-21 餐厅保洁内容

二、餐厅保洁标准和步骤

餐厅天花板、墙面及挂件、窗户、门、踢脚线、地面保洁均可参照卧室区域相应部分的保洁操作和保洁标准执行。下面重点介绍冰箱、酒柜、餐桌椅的保洁。

(一)餐厅冰箱(见图 3-22)保洁

1. 保洁标准:冰箱表面和顶部擦拭干净、无污渍、无水痕。

2. 使用工具:家具毛巾、折叠桶。

家庭保洁

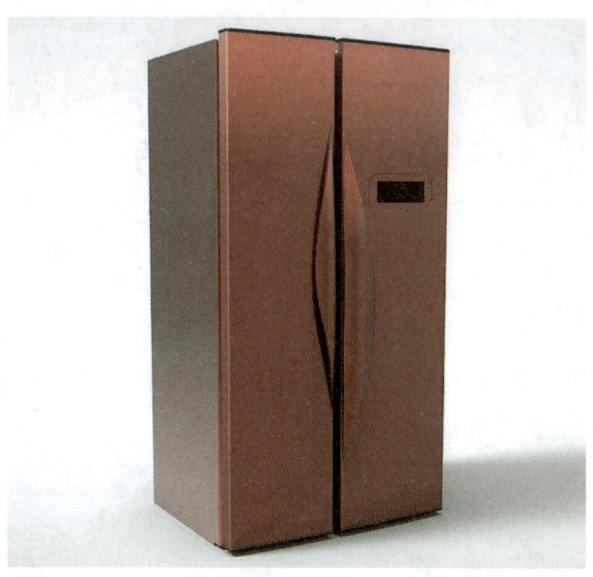

图 3-22　餐厅冰箱

3. 保洁步骤：使用毛巾湿擦一遍冰箱表面和顶部，再干擦一遍。

（二）餐厅酒柜（见图 3-23）保洁

1. 保洁标准：酒柜及内部物品擦拭干净，无污渍、无水痕。

图 3-23　餐厅酒柜

2. 使用工具：家具毛巾、折叠桶。

3. 保洁步骤

（1）使用毛巾湿擦一遍酒柜表面，再干擦一遍。

（2）使用毛巾干擦酒柜内物品。

（三）餐厅餐桌椅（见图 3-24）保洁

1. 保洁标准：餐桌、餐椅摆放整齐，无污渍、无水痕。

2. 使用工具：家具毛巾、折叠桶。

3. 保洁步骤

（1）清洁餐桌椅表面：使用毛巾半干擦桌面、桌腿、靠背、凳面、凳腿。

（2）物品归位：餐桌物品摆放整齐，餐椅归位。

（3）油污比较严重的部位，应用厨房清洁剂，配合百洁布擦拭，最后去除清洁剂残留物后擦干即可。

图 3-24　餐厅餐桌椅

第五节 厨房保洁

一、厨房保洁内容

厨房保洁内容包括天花板、墙面及挂件、窗户、油烟机、橱柜、灶台、微波炉、调味瓶、洗菜池、消毒碗柜、垃圾桶、门、地面保洁,如图3-25所示。

图3-25 厨房保洁内容

二、厨房保洁标准和步骤

(一)厨房天花板(见图3-26)保洁

1.保洁标准:天花板无灰尘。

2.使用工具:毛头、涂水器、伸缩杆。

3.保洁步骤

(1)将干毛头套在涂水器上,安装在伸缩杆上。

图 3-26　厨房天花板

（2）用干毛头将天花板的灰尘扫干净。

4. 注意事项：需做好防护工作，保洁前应盖好锅碗瓢盆，以免掉落进灰尘。

（二）厨房墙面及挂件（见图 3-27）保洁

1. 保洁标准

（1）墙面、墙面与橱柜接缝处擦拭干净，无油污、无污渍、无水痕。

（2）电源开关及挂件擦拭无灰尘。

2. 使用工具：家具毛巾、百洁布。

3. 保洁步骤

（1）喷洒厨房清洁剂至湿毛头上，将毛头套在涂水器上，擦拭墙面。需注意擦拭墙面上的顽固油渍。

（2）用手指按住百洁布，清理墙面与橱柜接缝处的污渍。

（3）用家具毛巾干擦墙面、墙面与橱柜接缝处，去除残留的水渍。

图 3-27　厨房墙面及挂件

（4）用家具毛巾半干擦开关，将表面的污渍清洁干净，再用家具毛巾干擦开关。

（三）厨房窗户（见图 3-28）保洁

1. 保洁标准

（1）玻璃内侧透亮、无油渍、无水痕。

（2）窗槽内无灰尘。

（3）窗框无油渍。

2. 使用工具：毛头、涂水器、玻璃刮刀、玻璃毛巾、家具毛巾、伸缩杆、小毛刷、玻璃清洁剂。

3. 保洁步骤

（1）将毛头用水打湿，套在涂水器上，当玻璃上有较多油污时可倾倒玻璃清洁剂在毛头上。接着将涂水器装在伸缩杆上，再把涂水器靠在窗户内侧玻璃上，呈紧密 1 形上下刮擦。

（2）待玻璃被擦拭干净后，将玻璃刮刀放在玻璃上，从上到下呈紧密 1 形刮擦，将多余的水分刮下来。

图 3-28 厨房窗户

（3）把干燥的玻璃毛巾挂在涂水器上，呈紧密 1 形上下刮擦，将水迹擦干。

（4）用小毛刷扫除窗槽和窗户缝隙中的灰尘。

（5）用家具毛巾配合厨房清洁剂，湿擦窗框，去除顽固油渍。

（四）厨房油烟机（见图 3-29）保洁

1. 保洁标准

（1）油烟机表面及油盒无油污、无水痕。

（2）油盒内垫纸。

2. 使用工具：厨房毛巾、厨房清洁剂、百洁布、小缝刷、小胶铲。

3. 保洁步骤

（1）拆取油烟机油盒，将内部油倒掉。

（2）用小胶铲铲除油烟机上的顽固油污。

（3）用喷有清洁剂的厨房毛巾浸湿油烟机表面（静置 10~15 分钟）。

（4）用百洁布配合清洁剂擦拭油烟机表面，去污渍、去油。

图 3-29　厨房油烟机

（5）用小缝刷来刷洗缝隙和较难清洗到的部位。

（6）再次湿擦油烟机表面至无污渍。

（7）用厨房毛巾收水至无水痕。

（8）擦拭干净后，将油盒洗净，放置厨房用纸，装回原位即可。

（五）厨房橱柜（见图 3-30）保洁

1. 保洁标准

（1）橱柜表面无油污、无水痕。

（2）橱柜把手无油污、无水痕。

图 3-30　厨房橱柜

2.使用工具：厨房毛巾、厨房清洁剂。

3.保洁步骤

（1）清洁表面：配合厨房清洁剂湿擦橱柜表面，清洁残留清洁剂后擦干。

（2）清洁顽固油污：使用百洁布轻轻擦拭顽固油污，清洁后擦干。

4.注意事项：禁用钢丝球，不要乱用清洁剂。

（六）厨房灶台（见图3-31）保洁

1.保洁标准：燃气灶台面无油污、无水痕。

2.使用工具：厨房毛巾、厨房清洁剂。

3.保洁步骤

（1）将灶圈放在热水或含厨房清洁剂的水里浸泡10~15分钟，然后取出擦拭清理干净。

（2）用百洁布配合厨房清洁剂擦拭燃气灶台面至无污渍、无油渍。

（3）用厨房毛巾湿擦燃气灶台面至无污渍，最后把毛巾干擦收水至无水痕。

（4）将灶圈装回原位，打火测试是否能够正常使用。

图3-31　厨房灶台

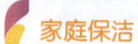

家庭保洁

（5）用厨房毛巾配合厨房清洁剂擦拭灶台表面至无污渍、无油渍。

（七）厨房微波炉（见图 3-32）保洁

1. 保洁标准：微波炉表面无油渍、无水痕。

2. 使用工具：厨房毛巾。

3. 保洁步骤：使用毛巾湿擦一遍微波炉表面，再干擦一遍。

图 3-32　厨房微波炉

（八）厨房调味瓶（见图 3-33）保洁

1. 保洁标准

图 3-33　厨房调味瓶

(1)调味瓶无污渍、无水痕。

(2)调味瓶按原位置摆放。

2.使用工具：厨房毛巾、水、厨房清洁剂。

3.保洁步骤

(1)用厨房毛巾配合厨房清洁剂湿擦调味瓶至无污渍。

(2)把毛巾拧干擦拭，收水至无水痕。

(3)将调味瓶按原位置摆放好。

(九)厨房洗菜池(见图3-34)保洁

1.保洁标准

(1)洗菜池四周和出水口无污渍、无水珠。

(2)洗菜池台面无污痕、无水痕、不黏手。

(3)出水盖倒放，出水口开放。

图3-34　厨房洗菜池

2. 使用工具：厨房毛巾、厨房清洁剂。

3. 保洁步骤

（1）清洁水龙头：擦拭水渍，锈迹较多时可配合厨房清洁剂擦拭，然后用清水洗净并擦干。

（2）清洁洗菜池：池壁擦拭干净，清理池底漏网，将清理出来的残余菜叶等垃圾放入垃圾桶。

4. 注意事项

（1）若有餐具在洗菜池里面，需要先将餐具清洗干净放置。

（2）洗菜池的保洁顺序应该在厨房其余部分均打扫完毕后。

（十）厨房消毒碗柜（见图3-35）保洁

1. 保洁标准：消毒碗柜表面无油污、无水痕。

2. 使用工具：厨房毛巾。

3. 保洁步骤：用厨房毛巾湿擦一遍消毒碗柜表面，再干擦一遍。

图3-35 厨房消毒碗柜

（十一）厨房垃圾桶（见图3-36）保洁

1.保洁标准

（1）倾倒垃圾后，清洗垃圾桶内外部，清洗至无污渍。

（2）给垃圾桶套上干净的垃圾袋。

2.使用工具：厨房毛巾。

3.保洁步骤

（1）清理垃圾，并将垃圾袋提出放至一旁。

（2）将厨房清洁剂倒在厨房毛巾上，擦洗垃圾桶内外部，再用清水冲洗至无污渍。

（3）更换新垃圾袋并带走垃圾。

4.注意事项：垃圾袋带走之前必须要请客户确认是否可以扔掉垃圾，避免误扔垃圾。

图3-36 厨房垃圾桶

（十二）厨房门（见图3-37）保洁

1.保洁标准

（1）门顶部和边沿无油渍、无灰尘、无水痕。

家庭保洁

图 3-37 厨房门

（2）门上玻璃无油渍、无灰尘、无水痕。

（3）门把手无油渍、无灰尘、无水痕。

2. 使用工具：玻璃毛巾、毛头、涂水器、折叠桶。

3. 保洁步骤

（1）将毛头浸水打湿，套在涂水器上，倒上厨房清洁剂，擦拭厨房门玻璃内外侧。

（2）用毛巾湿擦门顶部和边沿、门把手，去除顽固油渍。

（3）门上如有装饰的凹槽，须用手指顶住毛巾伸入凹槽内清洁。

（4）用玻璃毛巾擦干，去除残留水痕。

（十三）厨房地面（见图 3-38）保洁

1. 保洁标准：地面擦拭干净，无油渍、无灰尘、无水痕。

2. 使用工具：地面尘推布、尘推板、伸缩杆。

3. 保洁步骤

（1）将尘推板装到伸缩杆上，再将地面尘推布粘在尘推板上。

（2）将厨房清洁剂倒在地板上，采用紧密 S 形拖擦的手法清洁地面。

图 3-38　厨房地面

第六节　阳台保洁

一、阳台保洁内容

阳台保洁内容包括天花板、墙面及挂件、洗衣机、洗衣池、栏杆、地面、门保洁，如图 3-39 所示。

家庭保洁

图 3-39 阳台保洁内容

二、阳台保洁标准和步骤

阳台天花板、墙面及挂件、门、踢脚线、地面保洁均可参照卧室区域相应部分的保洁操作和保洁标准执行。下面重点介绍洗衣机、洗衣池和栏杆的保洁。

（一）阳台洗衣机（见图 3-40）保洁

1. 保洁标准

（1）洗衣机表面无污渍、无水痕。

（2）洗衣机卡槽内无污渍，箱体内无异味。

2. 使用工具：家具毛巾、折叠桶。

3. 保洁步骤

（1）湿擦洗衣机表面至无灰尘，再干擦至无水痕、无污渍。

（2）取下洗衣机内部卡槽，清理掉污渍，用水清洗干净，再安装至原来的位置。

图 3-40 阳台洗衣机

（二）阳台洗衣池（见图3-41）保洁

1. 保洁标准

（1）洗衣池壁无污渍。

（2）下水口呈打开状态。

2. 使用工具：瓷砖刷、卫浴清洁剂。

3. 保洁步骤：使用瓷砖刷配合卫浴清洁剂刷洗洗衣池至无污渍。

图3-41　阳台洗衣池

（三）阳台栏杆（见图3-42）保洁

1. 保洁标准：栏杆洁净，无污渍、无水痕。

2. 使用工具：折叠桶、百洁布、地面尘推布。

3. 保洁步骤

（1）用百洁布刷掉栏杆上的灰尘。

（2）用地面尘推布干擦至无水痕。

家庭保洁

图 3-42　阳台栏杆

第七节　卫生间保洁

一、卫生间保洁内容

卫生间保洁内容包括天花板、墙面及挂件、洗漱台、淋浴间、窗户、马桶、垃圾桶、门、地面保洁，如图 3-43 所示。

图 3-43　卫生间保洁内容

二、卫生间保洁标准和步骤

卫生间天花板、墙面及挂件、窗户、垃圾桶保洁均可参照卧室和客厅区域相应部分的保洁操作和保洁标准执行。下面重点介绍洗漱台、淋浴间、马桶、门及地面保洁。

（一）卫生间洗漱台（见图3-44）保洁

1. 保洁标准

（1）镜面、洗漱台及物品、水龙头、洗脸盆表面均无灰尘、无水痕、无污渍。

（2）根据客户要求将物品摆放整齐。

2. 使用工具：卫浴毛巾、百洁布、小缝刷。

3. 保洁步骤

（1）湿擦卫生间镜面，然后干擦镜面收水。

图 3-44　卫生间洗漱台

(2)洗漱台物品用毛巾擦拭干净。

(3)用毛巾擦拭洗漱台表面至无灰尘、无污渍。

(4)水龙头用百洁布擦拭干净。

(5)洗脸盆用小缝刷刷洗干净。

(6)征求客户意见后将物品摆放整齐。

(二)卫生间淋浴间(见图3-45)保洁

1.保洁标准

(1)淋浴间及沐浴用品无污渍、无水痕。

(2)淋浴开关居中。

(3)物品由高到低、正面朝外摆放。

图3-45 卫生间淋浴间

2.使用工具：卫浴毛巾、玻璃毛巾、百洁布、卫浴清洁剂。

3.保洁步骤

（1）将清洁剂喷于百洁布上，依次从上至下擦拭毛巾架、淋浴喷头、门把手等部位。

（2）用卫浴毛巾湿擦淋浴间门表面，再用玻璃毛巾擦干即可。

（3）用卫浴毛巾湿擦干净沐浴用品，再由高到低、正面朝外摆放。

（4）淋浴间在无人使用的时候，将门打开，自行干燥的同时也不会滋生霉渍。

（三）卫生间马桶（见图3-46）保洁

1.保洁标准

（1）马桶表面、坐垫无污渍、无水痕。

（2）马桶内侧无污渍，马桶盖盖好。

2.使用工具：卫浴毛巾、百洁布、马桶刷、卫浴清洁剂。

图3-46 卫生间马桶

3. 保洁步骤

（1）将卫浴清洁剂倒入马桶里，特别注意马桶内侧边缘部分。然后将其放置一边，利用这段时间清洁其他地方。

（2）用百洁布的海绵面清洁马桶的水箱、马桶盖、坐垫、坐便器、死角等位置。

（3）用干净卫浴毛巾，从上至下擦拭马桶外围部分。

（4）用马桶刷由上而下将马桶坐便器刷洗干净，尤其是马桶内侧边缘部分。

（5）放水冲净马桶，同时将马桶刷冲洗干净。

4. 注意事项：若马桶套有针织坐垫，应将针织坐垫拆卸再清洗马桶。

（四）卫生间门（见图 3-47）保洁

1. 保洁标准

（1）门顶部和边沿无污渍、无灰尘、无水痕。

（2）门表面无污渍、无灰尘、无水痕。

图 3-47　卫生间门

（3）门把手无污渍、无灰尘、无水痕。

2. 使用工具：卫浴毛巾、百洁布。

3. 保洁步骤

（1）清洁门的顶部和边沿，先湿擦，再干擦。

（2）门上如有装饰的凹槽，须用手指顶住毛巾伸入凹槽内清洁。

（3）清洁门表面，最后清洁门的外把手，注意门把手需用百洁布刷洗，去除锈垢。

（五）卫生间地面（见图 3-48）保洁

1. 保洁标准：地面及地漏口擦拭干净，无毛发、无灰尘、无水痕。

2. 使用工具：瓷砖刷、伸缩杆。

3. 保洁步骤

（1）将瓷砖刷装到伸缩杆上，将卫浴清洁剂倒在地板上，刷洗地板，注意去除顽固水垢。

（2）清理地漏口的垃圾，再用瓷砖刷将地漏口附近刷洗干净。

图 3-48　卫生间地面

第四章
家庭保洁服务要求及服务流程

第一节　个人形象要求及礼仪要求

一、个人形象要求

家庭保洁员的外在形象一定程度上体现其内在的职业素质。一般来说，对家庭保洁员个人形象有以下要求：

（一）着装要求（见图4-1）

1. 着装干净整洁，衣扣扣好。

2. 不佩戴首饰。

3. 不穿裙装、短裤。

（二）仪容要求

1. 头发梳起，刘海儿不过眉毛，头发干净、无异味（见图4-2）。

2. 面部干净，不化浓妆（见图4-3）。

图4-1　着装要求

图 4-2 仪容要求（发型）

图 4-3 仪容要求（面部）

3. 指甲干净，不涂指甲油（见图 4-4）。

二、礼仪要求

礼仪就是人们在社会交往活动中应共同遵守的行为规范和准则。家庭保洁员掌握基本的礼仪规范有助于处理家庭保洁员与客户的关系。

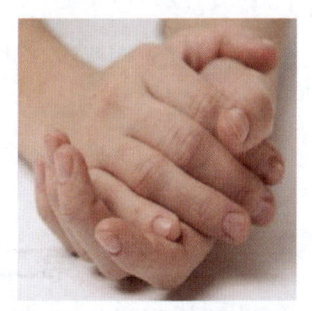
图 4-4 仪容要求（手部）

（一）站姿、坐姿、走姿礼仪

1. 站姿：站立时自然直立，双手自然下垂、处于身体两侧，双目平视前方。

2. 坐姿：就座时上身挺直，背部轻靠椅背，肩部放松，头部端正，双目平视前方，两腿并拢。

3. 走姿：行走时肩部放松，头部端正，双目平视前方，挺胸立腰，步伐轻稳。

（二）文明礼貌要求

1. 与客户交谈时注意聆听，不能侧身或目视别处，心不在焉。

2. 回答客户提问或征询有关事项时，语言简洁准确，音量适中。

下面列举了 4 类常见情况下家庭保洁员应该掌握的标准用语。

（1）称呼

对男士统称"先生"，对女性一般称"女士"。

（2）请求

当打扰客户时使用"对不起，打扰一下"。

当需要客户帮忙时使用"拜托您了"或"麻烦您能帮我一个忙吗？谢谢"。

（3）致谢

感谢时使用"谢谢您"。

（4）应答

当客户提出服务范围内的要求时回答"好的"或"我会照办"。

第二节　服务流程及沟通技巧

家庭保洁员所提供的服务涉及多个环节。对服务流程做标准化的规定，能帮助家庭保洁员做好每个环节的服务，同时也有助于提升行业的服务质量。

家政服务流程主要分为：服务前准备、开始服务和服务结束三个环节。

一、服务前准备

步骤1　检查保洁工具包

操作要点：检查工具是否齐全、洁净。

步骤2　整理着装和仪容

着装和仪容整理要求请参照本章第一节中个人形象要求有关内容。

二、开始服务

步骤 1　轻声敲门/轻按门铃

操作要点：客户家有门铃时，轻按门铃 1 次。客户家没有门铃时，轻声敲门 3 次，等待客户应答。等待约 30 秒未有人应答，再继续按门铃或者敲门。

注意事项：请勿多次连续按铃、用拳头砸门或者用脚踢门。

步骤 2　自我介绍，说明来意（见图 4-5）

操作要点：客户开门后，家庭保洁员先做自我介绍，并说明来意。例如："您好，我是 ××（公司名）的家庭保洁员 ××（家庭保洁员名字），您预约的今天 ×× 点（具体保洁时间）开始的 ×× 小时保洁（具体保洁时长）将由我为您服务。"

注意事项：说话时仪态大方，音量适中，面带微笑。

图 4-5　自我介绍

步骤 3　更换自备工鞋，准备进门

操作要点：进门时先将干净的自备工鞋放在客户家门内，换上工鞋。

步骤 4　放置保洁工具包

操作要点：进门后，家庭保洁员需询问客户，明确保洁工具包的放置位置。例如，"您好，请问我的包放在哪里合适呢？"如客户无指定的位置，则将工具包放在家门口内侧的右手边，离墙 3 cm 的距离。

步骤 5　询问重点保洁区域（见图 4-6）

操作要点：

（1）家庭保洁员先向客户介绍本次服务所规定的保洁区域，询问客户是否有需要重点保洁的区域。家庭保洁员可以采用以下方式与客户沟通：

"您好，根据公司的规定，在本次服务中，我将为您保洁的区域有：卧室、书房、客厅、餐厅、厨房、阳台、卫生间。本次服务的时间为 ×× 小时（具体保洁时长），您希望我打扫哪些区域呢？"

"想问一下，哪些区域您需要重点打扫呢？如果您家里需要保洁的区域面积较大，物品较多，那么在服务时间内，总的可以打扫的区域是有限的。所以需要重点打扫的区域可以告诉我。"

"跟您确认一下，本次打扫的区域有 ××、××、××、××（与客户沟

图 4-6　询问重点保洁区域

通好的全部保洁区域），重点打扫的区域是××和××（与客户沟通好的重点保洁区域）。您看我说的对吗？"

（2）与客户最终确认本次服务保洁的全部区域、重点保洁区域。

步骤6　询问保洁工具使用意愿

家庭保洁员可以这样和客户沟通："这是我们公司配备的保洁工具，每天都经过清洗的，请问您是想用家里的还是我们公司配备的保洁工具呢？"

注意事项：如客户不需要公司配备的保洁工具，则询问客户家的保洁工具存放位置。要先向客户了解工具使用方法，避免出现错误操作而导致投诉。

步骤7　提醒客户收好贵重物品

家庭保洁员可以这样和客户沟通："您好！麻烦您把贵重物品，如首饰、现金、钱包、电子产品等收好，方便我给您打扫。"

步骤8　留意台面/地面上的易碎物品

操作要点：留意台面/地面上是否有花瓶或者玻璃制品等易碎物品，在保洁开始前先收至一处，保洁完成后再复原。操作中家庭保洁员应注意及时征求客户意见，例如，"您好！这些××（物品名称）我可以先收到一处，保洁完成后再帮您复原吗？"

步骤9　完成服务，家庭保洁员自我验收

验收按照第三章第二节的各区域保洁标准执行。

步骤10　请客户验收（见图4-7）

操作要点：服务时间剩余10分钟时，请客户验收保洁情况。家庭保洁员可以这样和客户沟通："您好，我已经快打扫完毕了，请您检查一下，是否还有不太满意的地方？"

注意事项：及时弥补客户发现的问题点，并请客户检查各项物品是否完好。

 家庭保洁

图 4-7 请客户验收

三、服务结束

步骤 1 收纳工具

操作要点：检查工具数量，确认无误后收纳至工具包中。

步骤 2 收拾垃圾

操作要点：询问客户是否需要带走垃圾。例如，"您好，垃圾需要我帮您带走扔掉吗？"如客户需要带走垃圾，则由家庭保洁员把垃圾装好，套好新的垃圾袋，然后带走垃圾。

注意事项：注意做好垃圾分类工作。

步骤 3 答谢离开

操作要点：与客户微笑道别，例如，"谢谢您的信任！期待下次为您服务。"并轻轻把客户家的门关上。

参考文献

1. 张红，张立静，陈静.保洁员：基础知识[M].北京：中国劳动社会保障出版社，2010.

2. 张红，张立静，李翔.保洁员：中级[M].北京：中国劳动社会保障出版社，2010.

3. 张红，张立静，范思远.保洁员：高级[M].北京：中国劳动社会保障出版社，2010.

家政服务类专项职业能力培训教材

母婴生活照护
母乳喂养指导
产后康复
家庭餐制作
家庭保洁

责任编辑／刘　莉
责任校对／胡志鹏
责任设计／王利民

ISBN 978-7-5167-4483-3

天猫旗舰店　　中国人力资源和社会保障出版集团

定价：22.00元